中国林业出版社
China Forestry Publishing House

总 策 划 | 花也文化工作室
执行主编 | 雪 洁

责任编辑 | 印 芳 邹 爱

**中国林业出版社 · 风景园林分社**

出版 | 中国林业出版社
（100009 北京西城区刘海胡同 7 号）
电话 | 010-83143571
发行 | 中国林业出版社
印刷 | 固安县京平诚乾印刷有限公司
版次 | 2019 年 7 月第 1 版
印次 | 2019 年 7 月第 1 次印刷
开本 | 710mm × 1000mm 1/16
印张 | 8
字数 | 180 千字
定价 | 48.00 元

图书在版编目（CIP）数据
花园手作沙龙 / 花园时光编辑部编 . -- 北京：中国林业出版社，2019.6

ISBN 978-7-5219-0123-8

Ⅰ . ①花… Ⅱ . ①花… Ⅲ . ①园林植物—手工艺品—制作 Ⅳ . ① TS973.5

中国版本图书馆 CIP 数据核字 (2019) 第 126545 号

# 派对花园

开在花园里的派对，总会分外欢乐，杯光烛影，花香飘扬，如梦似幻，还有什么比穿行在自己亲手播种的美丽之间，和朋友们一起感受亲手创造的美好更幸福的事呢？

那大概就是不仅花亲自种，连端上的小食、食材也都来自花园。不仅食材来自花园，美丽的布置也可以来自主人的手工。

花园里可利用的宝物太多，可装饰的角落太多，亲自漂染的美丽餐巾，亲手编织的绳艺装饰，洗手池边逗趣的小鸟香皂、挖几片苔藓配上贝壳置入玻璃瓶做一个微缩海底景观……桩桩件件来自用心的思考，灵感的突发，美好花园大有作为，这是一本汇聚园艺达人们心血的创造之书，也是一本期待引发您更多灵感的参考之书。

有一句很傲娇的话叫做 “你有钱买不到”，绝对适用于花园里亲自劳作，这就是独一无二的私人定制啊！

我们精选了《花也》历年来的稿件，整合出这样几本书，诚意满满，奉献给爱花爱生活的你，愿你也能从中吸收到满满的花园能量、自然能量！

编者

2019 年6 月

## 花植沙龙

# 花园手作沙龙

《手造铁线莲》
**素心**
热爱园艺，喜欢摄影。
从 2015 年 8 月，爱上手工造花。

《小鸟手工香皂》
**杨杨**
手作达人，设计师，
淘宝壹树工坊主理人。

《立体丝带绣》
**许嫣红**
室内设计师、拼布及刺绣手艺师、
JLL 日本手缝拼布国际认证讲师，厦门花工房手作社主理人、
出版《小花的幸福手作布包》等 4 本书籍。

《玫瑰手工美容皂》《接骨木染》《黑豆染》《荔枝染》《蓝染餐巾》
**敏敏**
一个热爱生活，热爱手作，热爱美食的园艺爱好者！
坚持打造一座生态可持续花园，缔造花园里的食物森林！

《马卡龙耳机线包》
**麦冬**
获得日本木器彩绘初级认证，及俄罗斯浮雕花卉三项证书。

《石榴面膜》
**奈奈与七**
园艺作家，花园植物手绘者
2018 年手绘著作《铁线莲12 月栽培计划》

《石榴面膜》
**惹香**
自由职业，插画师，手作爱好者。

《木器彩绘》
**周蔚**
蔚绘色彩主理人
日本手工普及协会彩绘高级讲师
日本 JCA（Japan Craft Association）讲师
日本玫瑰彩绘名师冲昭子课程认定讲师

《蕾丝捕梦网》
**RanHsia 夏慧慧**
80 后自由职业者、创意设计师、景观设计师、跨界型设计师

《拼布》
**插肩而过**
十年前师从国内拼布大师初七，系统学习拼布。
侍花弄草和拼布缝纫占据了生活中大半时间，但却乐此不疲。

《吊挂式植物绳架》
**夏尔**
夏尔手创主理人，壮族姑娘，把个人爱好变成可持续发展的事业。

《蓝晒》
**绘心**
自由画师，微博自媒体@绘心之人，绘心乐活馆馆主。
2016 年创办绘心乐活水墨课。

# Author Introduction

《萌宠花托》《容器装饰》

**嘉和**

自由职业，喜欢园艺，摄影，绘画，喜欢安静下来的简单慢生活。

《无框项坠》《猫头鹰压花风铃》《压花书签》

**Kate Chu**

国际压花协会会长

《立体相框制作》

**露台春秋**

一个家庭主妇，经营一方小露台已有十年，春种秋收，自得其乐。

《创意苔藓杯》

**半夏**

空间设计师、园艺达人、自然创意手工达人

《多肉花环》

**Rui**

植入空间品牌创始人，英国皇家园艺协会会员。《左手咖啡、右手世界》译者，斯坦福商学院 igniter。

《石英砂干花制作》《空凤的 N 种创意玩法》

**玛格丽特 - 颜**

园艺文化品牌“花也”创始人及《花也 IFIORI》主编；新浪微博拥有近百万粉丝；知名的园艺博主、摄影博主、园艺专栏作家。

# 手作沙龙

# 手造铁线莲

造一朵几可乱真美不胜收的花，需要静心观察，用心描画，巧手剪裁。创造过程也许繁复，但乐趣十足。在这里又有了造花高手的尽心的指导，干嘛不试一下呢？

## 材料准备

浆过的进口平面绒、烫花器、花版、剪刀、细铁线、南宝树脂胶、毛笔、水消笔、调色盘等。

1. 描花型：沿着花板在布料上细心描出花瓣的型状，可以用水消笔画。（花板是我们需要的花片形状模型，一般造花书籍或课程会提供，这里的花板是素心根据观察真花设计出来的。）

2. 剪花片：按照描好的花型剪出需要的花片数量。

3. 染色：这朵小铁用了湿染法，先用清水将花瓣打湿，再染色。按照当季最适合的色调调制需要的颜色，考虑佩戴胸花时现场氛围决定我们染的色调，注意拿捏微妙的浓淡变化。

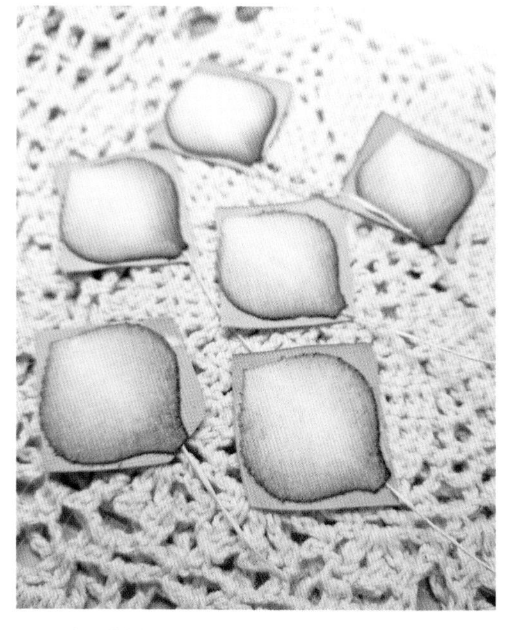

4. 预处理花瓣：等花瓣完全晾干后，在花瓣背面均匀涂抹南宝树脂胶，加造花细铁线，粘在一块染好晾干的布料上。再沿花型剪下。小铁的大花瓣都是这样处理的，为了让花瓣更易于塑型，整体更有质感。

5. 烫花瓣：用烫花器加热中的金属镘抹出花瓣各种纹路，或圆弧曲线。更多情况下，仅用双手就能将花瓣透过捏、拧、扭、揉、扯、抽等技巧变得栩栩如生。

6. 组合：按照预先设想好的花形，用南宝树脂胶把花瓣粘牢。随时调整，注意花瓣组合的灵动与自然。

# 精巧手造花

**作者** | 都朵

造花是一项美丽而高雅的手工艺。"造花"一词来自日语，即用专业的布料和烫头制作出栩栩如生又极具艺术美感的花朵。从剪裁花瓣到染色、风干、熨烫塑性，黏贴造型，整体组合，一遍遍渲染、按压、揉捻……最后完成花的造型。

## 材料准备

烫垫、剪刀、纱、缎、真丝（都可以）、染料、铁丝、羊毛、白胶、热胶枪。

**温馨小贴士：**

烫花器高温，可以把人烫酥，所以手握时要谨慎。初学者可以从花瓣较少、形状、颜色相对简单的开始。用此方法，也可以做胸针和发带等，也可以做成手工纪念品。

1. 剪模：每种花都是由无数花瓣组成，首先要做的，就是剪出一片花瓣。这步很基础，其实是在考验你能不能耐心和细心。针对不同的花，使用的布料材质必定是不相同的，有些花要体现其轻盈透亮的质地，有些花要体现其厚实饱满的感觉。

2. 染色：每一朵花片用染料渲染出自然的颜色效果。由于每次调色的不同的关系，以及制作人的颜色偏好不同，每一瓣花的颜色都不会相同，就好像没有一模一样的两幅油画是一个道理。这一步非常有乐趣，与色彩有关的环节总能激发人的想象力。

3. 烫花：使用烫花工具，把花片烫成各类形态，并在这个过程中，通过使用不同工具和指尖的力度，揉出花瓣的“表情”，也就是细节和纹理。花叶、花萼等制作方法同理。

4. 成花：这是造花的收尾，切莫大意。需要用到铁丝来固定花身，先单朵，后几朵抱团扎紧。主要遵循的原则就是有层次感，不要盲目叠加捆绑。成花为了造型方便，可以再做叶子，一束花就出来了，简单而雅致。

## 有温度的手作花

造花是一门精致的手艺，一朵成品花需要耗费几十片甚至上百片花瓣，每一朵都要经过用心的雕琢、造型，一遍遍地重复。最后才能倾注成一朵手作布花。

在制作布花的过程中，布料选择错误、浆布比例不对、花型设计出问题、剪裁的精细度、染色失败、烫花温度掌控不对、组合的生硬等等出的差错，哪怕只有一个环节，都会让所有努力前功尽弃。

每朵烫花都是诞生于一块白面料。在一块白布上绘制花形，裁剪、再染色。晾晒时要选择晴朗的天气，自然晾干。晾干以后握着烫花器一瓣一瓣地烫出花瓣的形态。用胶水一瓣一瓣地组合，用细细的铁丝先固定叶子。

# 立体丝带绣首饰盒

每个女孩心中都有一个玫瑰梦，甜蜜而又浪漫，用真丝蚕丝带绣制一副唯美的天使玫瑰图，装裱在首饰收纳盒上，成为独特的风景线。

立体丝带绣是以真丝蚕丝带为主要原材料，利用真丝蚕丝带的独有特性，在布面上展现花卉柔美优雅形态的一种刺绣手法。应用各种针法，通过指尖的控制，将丝带扭转卷曲，塑造出栩栩如生的花卉形态，用丝带绣制的绣品层次鲜明，跃然于布面之上。

## 材料准备

亚麻绣布、真丝蚕丝带渐变粉色 1cm 宽、绿色 0.7cm 宽、绣线深绿浅绿色、米珠、天使装饰片、绣绷、绣针、热消笔、直径 5cm 首饰盒。

### 小贴士

真丝蚕丝带，由100% 天然蚕丝构成。柔软细腻，光泽度好，手感光滑，两面都一样。易于塑形，容易表现花卉的柔美形态，绣出来的绣品活灵活现，立体感强。渐变真丝蚕丝带，一般是由一色过渡到另一色，可以很好的表现玫瑰花的自然色泽和层次。

## 丝带穿针法

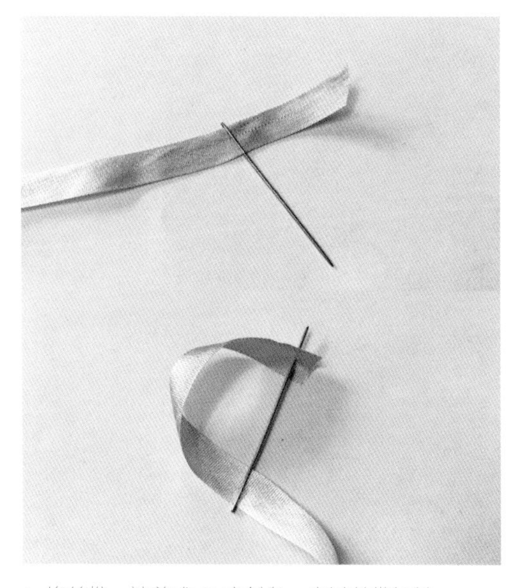

1. 将丝带一端剪成 45 度斜角，穿过丝带绣针。
2. 再将斜角剪成平的，如图针尖刺过丝带端头的中间，形成环状。

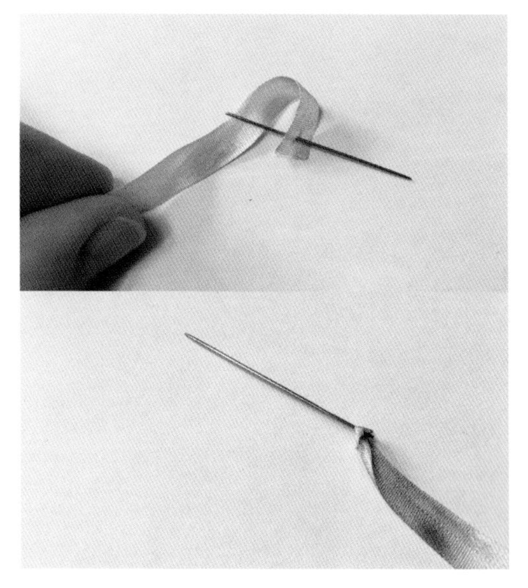

3. 拉丝带尾部，缩小环状。
4. 继续拉，直到丝带卡在针尾上。

## 卷曲玫瑰制作法

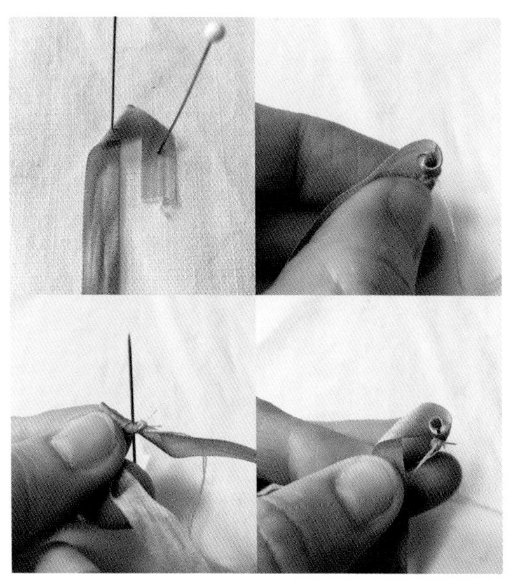

5. 取宽 1cm 长 20cm 的丝带如图折成 90 度角，再折 90 度角。
6. 握住右边丝带往左边卷起，形成花芯。
7. 用针线固定尾部。
8. 如图继续折右边丝带。

9. 边折边卷。
10. 大约卷成 1.5cm 直径大小。
11. 将多余的丝带折到尾部，针线固定。
12. 将多出的尾部剪去，留 0.3 cm。

## 天使玫瑰图绣法

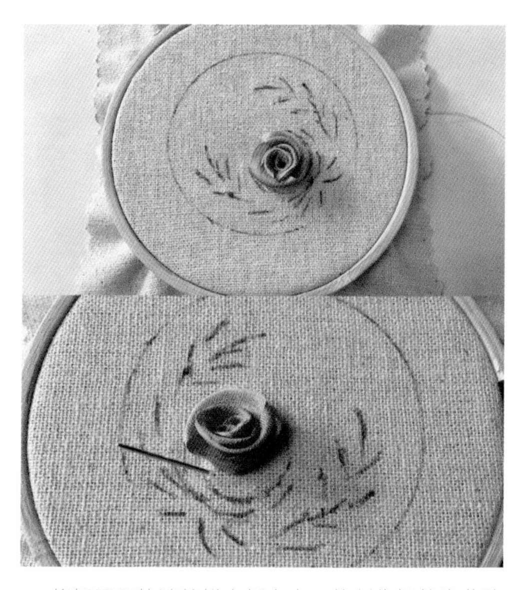

13. 将绣图用热消笔描在绣布上，将制作好的卷曲玫瑰缝在花朵处。

14. 绣外围花瓣。使用 1cm 宽粉色丝带，如图丝带出针。

15. 拉出丝带后，如图入针。
16. 拉出丝带，将丝带调整成包裹花朵的形态。

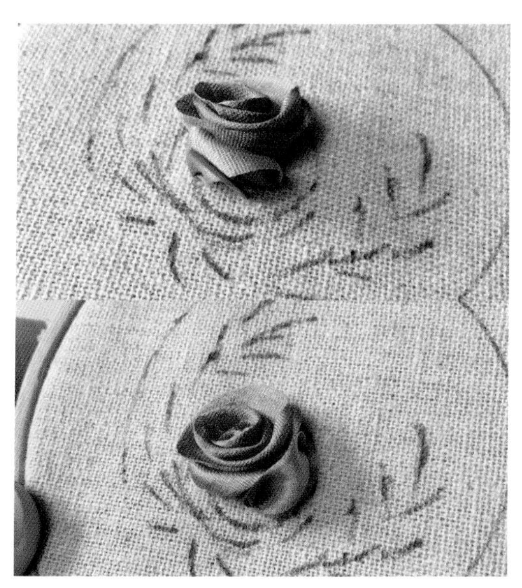

17. 第二片花瓣出针，与第一片花瓣要有重叠处。
18. 第二片花瓣形成。用步骤 9 相同方法绣出外围花瓣。

19. 绣丝带叶片。使用 0.7cm 宽绿色丝带，如图出针。
20. 将针尖刺入丝带中间。

21. 将针从后面拉出，轻轻拉出叶尖。相同方法绣出5片叶片。
22. 绣线叶子的绣法，用2股绣线，针法为雏菊绣。从叶尾入针。

23. 从叶尖出针，将针别在绣布上。
24. 将绣线绕在针上，形成一个环状。

25. 拔出针。
26. 再将针刺入环状的外边。

27. 将环卡在绣布上，形成叶子。
28. 绣出若干片叶子，缝上米珠和装饰片。

## 首饰盒制作方法

29. 将绣布剪成圆形，直径比首饰盒大 2cm。距离边沿 0.5cm 处平针缝，针脚大约 0.5cm。均匀缝一圈。

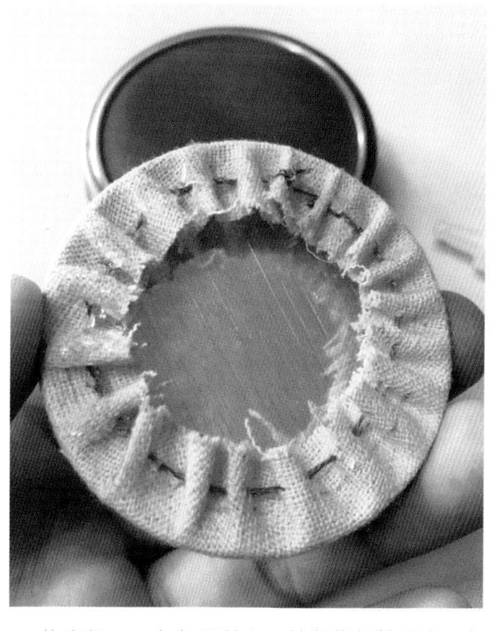

30. 将直径 5cm 包扣胚放入，拉紧线打结固定，布料褶皱处涂上布艺胶水。

31. 粘在首饰盒上，按压 5 分钟，使其结合牢固。

32. 用布艺胶水在外圈粘上装饰珍珠，每颗间隔 1cm，完成。

# 马卡龙耳机线包

因为经常把耳机线胡乱塞在包里，想用的时候就差把整个包都倒出来了，有个耳机收纳小包包就方便多了。选中马卡龙，相较于它甜腻的味道，它色彩缤纷的造型更加吸引人呢，可爱又实用，还能发挥各种创意小装饰。

天气越来越暖，清爽的天气，令人想出门看看蓝天晒晒太阳，可爱的小蜜蜂似乎能带来花香。

## 材料准备

马卡龙塑料片、水消笔、胶水、绣布、拉链、布剪、绣花剪、绣绷、缝线、绣线、铺棉。

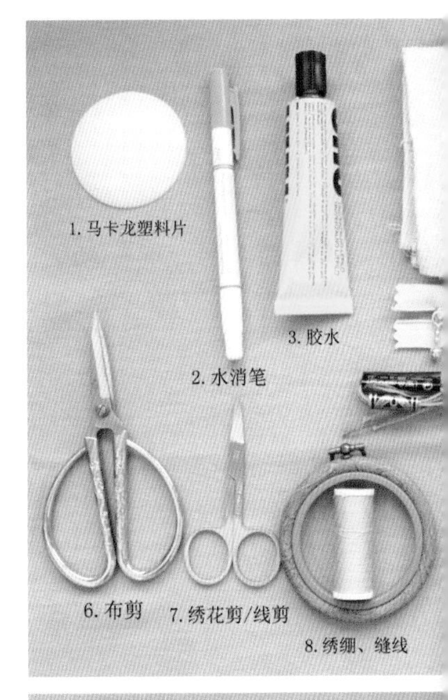


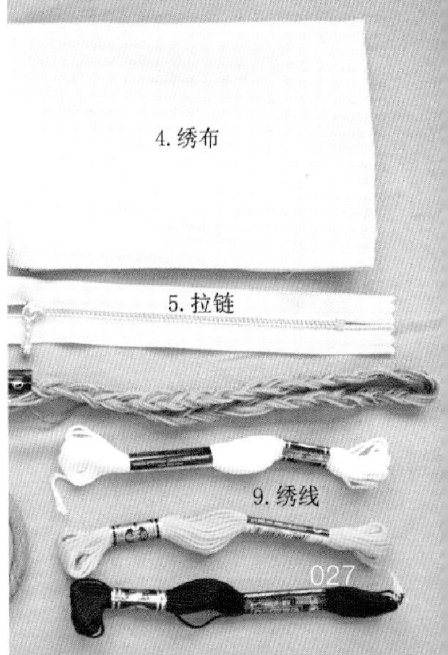

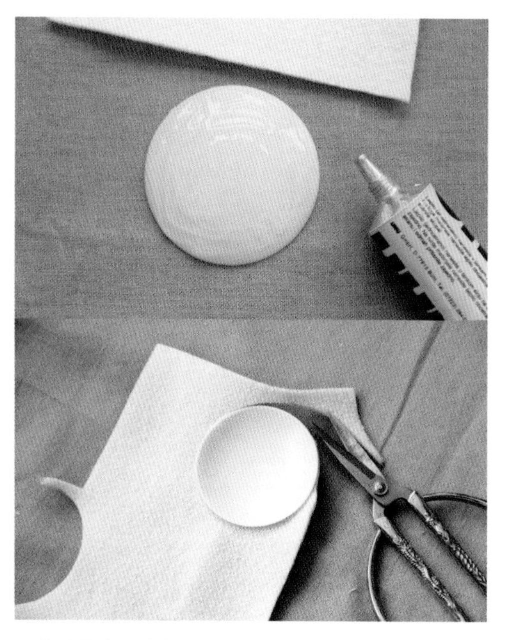

1. 将胶抹在马卡龙塑料片上，贴上铺棉。

2. 铺棉按塑料片剪下，做好 2 个备用。

3. 在准备好的布料上用水消转印纸拓好需要绣的图，也可以直接用水消笔画好绣图。

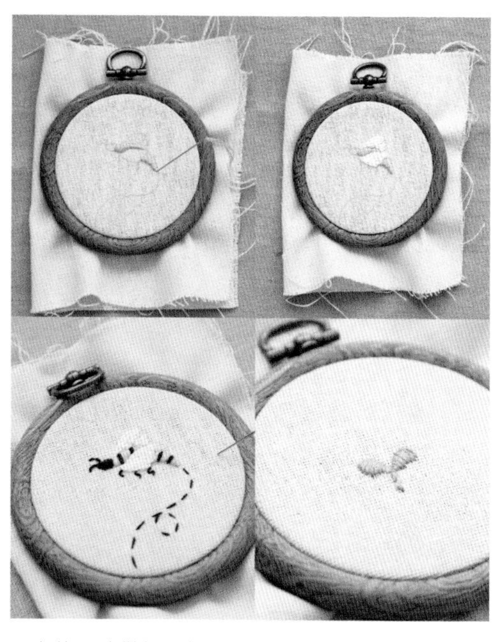

4. 身体和头做缎面绣，翅膀做锁链绣，触角和腿做回针绣，飞行路线做直线绣。

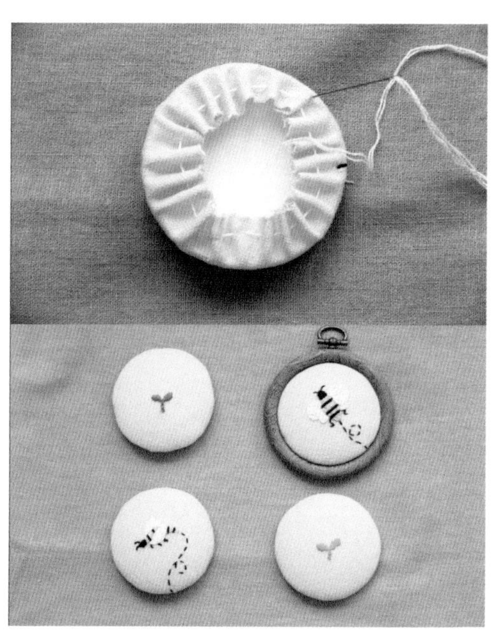

5. 绣好的绣片缩缝，包在准备好的两片马卡龙塑料片上，翻至正面。

6.15cm 拉链首尾连接好，20cm 的拉链可以重叠一部分，注意拉链圈千万不要小于外壳，否则后面会很不好缝。

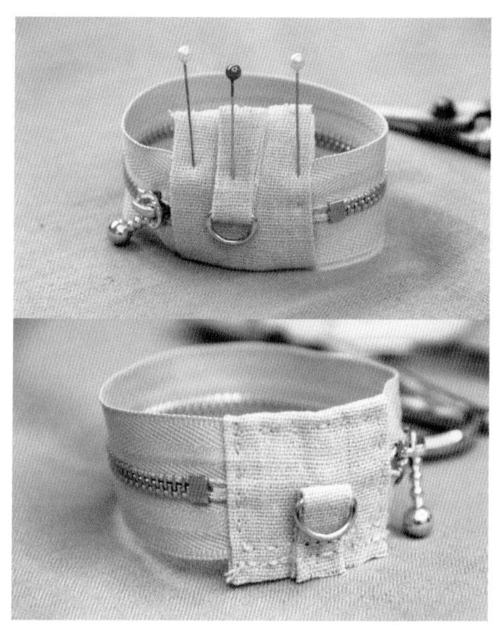

7. 剪两块布片一大一小，一块包住拉链尾，一片穿上 D 环，如图缝合裁剪多余部分。

8. 把拉链和外壳用藏针缝合一边，再拉开拉链缝合另一边。

9. 接下来装修内部，剪下比外壳略小的磨砂胶片，剪裁圆形布料缩缝包住胶片，准备好两片。

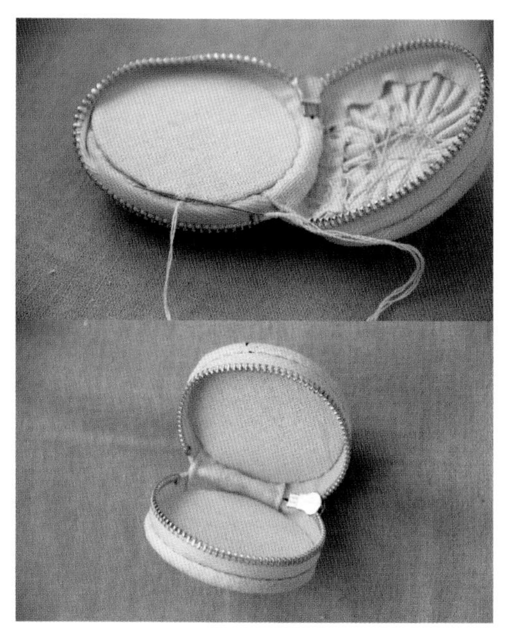

10. 藏针缝在马卡龙内部。注意缝线不要超过拉链缝合线，否则缝线会露在外面影响美观。

11. 完成！

### 容量

直径6cm 高1.5cm 能装耳机线和少量硬币，装上自己喜欢的五金件，可以挂在包包和钥匙上。

# 小鸟手工香皂

DIY 手工香皂的过程就像一场奇妙的旅行，每一点儿细微的变化，都可以产生不同的喜悦。小鸟手工香皂造型别致，富有童趣，色彩多样，是可以带来超高幸福感的小物件。放置花园中，与环境更是交相呼应，浑然天成。

用来做手工香皂的原料是由纯甘油和纯天然的植物油精炼而成，具有非常好的保湿效果，自然纯粹。

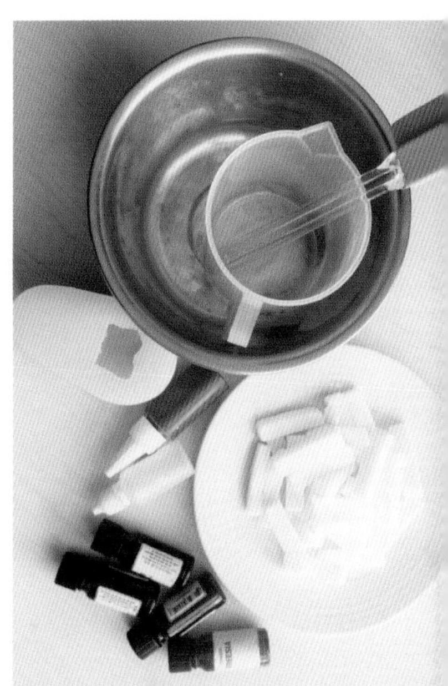

## 材料准备

天然植物皂基、橄榄油、椰子油、甜杏仁油、葡萄籽油、玫瑰香精、色素、电磁炉、量杯、刮刀、不锈钢盆。

### 小贴士

1. 隔水加热一定要用金属小盆，量杯是调配料用的，若用它融化皂基，容易烧坏。
2. 制作过程中，若皂液未倒入模具就开始凝固，可以再重新加热溶解。
3. 色素不含固色剂，加入色素的香皂要避光，避免褪色。
4. 可以加入各种不同的营养成份，如香草，蜂蜜、牛奶等等，根据自己的喜好而定，以增加其不同的功效。

1. 取 90g 天然植物皂基，放入不锈钢小盆。用电磁炉隔水给皂基加热，70℃左右，皂基开始溶解成皂液。皂基完全溶解后倒入量杯。

2. 将基础油：橄榄油、椰子油、甜杏仁油、葡萄籽油各 1 滴，加入量杯；继续加入香精 10~15 滴，色素 1~2 滴到量杯内。颜色的深浅度可以根据滴入色素的多少进行控制。

3. 用刮刀慢慢搅拌均匀。

4. 把皂液倒入模具中，排出气泡。

6. 冷却凝固后，属于自己的原生态香皂就制作好了。为了加快凝固速度，可放入冰箱内冷藏，3 小时后可脱模。

# 玫瑰手工美容皂

玫瑰香气宜人，又美容养颜，在手工皂盛行的今天，何妨把它的作用发挥到极致，再做上几块手工皂？美容养颜的同时，送礼也是上佳之选。

## 材料准备

工具：不锈钢锅、塑料量杯、温度计、不锈钢搅拌器、抹布、塑胶手套、刮刀、硅胶模具。

材料：玫瑰橄榄油 240g、玫瑰果油 30g、蓖麻油 30g、乳木果油 120g、棕榈仁油 180g、总油量 600g、氢氧化钠 86g、玫瑰花纯露 215g。

### 小贴士

1. 玫瑰与橄榄油的制作方法：将100g 玫瑰花放在1L 橄榄油中，浸泡1 个月即成。
2. 玫瑰花纯露：500g 玫瑰鲜花加500g 纯净水，用纯露机蒸馏而来！也可以买现成的纯露。

1. 将油脂类材料放入不锈钢锅中，隔水加热至 45℃。

2. 将氢氧化钠加入玫瑰纯露中，搅拌至氢氧化钠完全溶化，即为碱液。

3. 待碱液温度降至 45℃时，将以少量多次的方式将其倒入步骤 1 的油中，持续搅拌约 40 分钟，使两者产生皂化反应且变成乳液状，在皂液上能划 8 字即为皂液。

4. 将皂液倒入模具中，放入保温箱或泡沫塑料箱中，盖好盖子，再盖上一条毛巾。

5. 待手工皂硬化后 1~3 天取出，置于通风处让其自然干燥，约 4 周后可以使用。

# 蕾丝捕梦网

说起主要材料之一的蕾丝花片，那应该是几十年前家家户户都会用上的物件，比如遮盖在电视机上方，茶几上，沙发上。是一种温暖的手工活，就像妈妈们织的毛衣一样。手工捻沙线而编造的蕾丝更是能让人望见曾经的繁复之美，就像少女那千回百转的情愫。

## 材料准备

圆环、蕾丝花片、蕾丝花边、羽毛、棉线、剪刀、胶枪。

### 小贴士

1. 要先选择好自己喜欢的花片，然后按照花片尺寸选好合适尺寸的圆环，圆环最好比花片大些，这样才能绷紧让效果更好。若会自己勾花片的，可以根据圆环尺寸勾，也可以用现成勾好的。
2. 做好的捕梦网可以悬挂在卧室的窗边，或者是玻璃花房内。还可以像图中一样悬挂多种蕾丝捕梦网，做户外婚礼的场景，将会是个非常梦幻的婚礼。

1. 用蕾丝花边将铁环缠绕起来。

2. 用棉线将准备好的花片与圆环按图中示意绕起来。

3. 取一点做中心定好长度，按图中示意往环中绑扎棉线，然后按两侧渐短的原则同样添加棉线。

4. 可以按照自己的创意，添加些不一样的东西。例：图中的捕梦网，编了些长辫，也做了些流苏。

5. 用胶枪挤出适量的胶在羽毛柄上。

6. 按图示中，将棉线绕在羽毛柄端的胶上。

7. 按照自己的喜好搭配羽毛，长短搭配运用。

8. 浪漫的捕梦网做好了。

# 吊挂式植物绳架

生活中需要一点绿意，不管是大面积植物，还是一小处点缀，都可以营造出绿阴满屋，缤纷浪漫的夏季主题。我们还可以利用立体空间，悬挂植物，在自己的家里尽情享受城市中的园艺时光。一起来动手做一个吊挂式绳架吧，不但节省空间，还很有艺术感呢！

## 材料准备

8 根 2.4m 长的长绳（棉绳或尼绒绳、麻绳都可以）；
2 根 30cm 的短绳；
一个大约 1 寸的铁环，钥匙圈的环可以代替使用；
剪刀、吊钩、一盆植物。

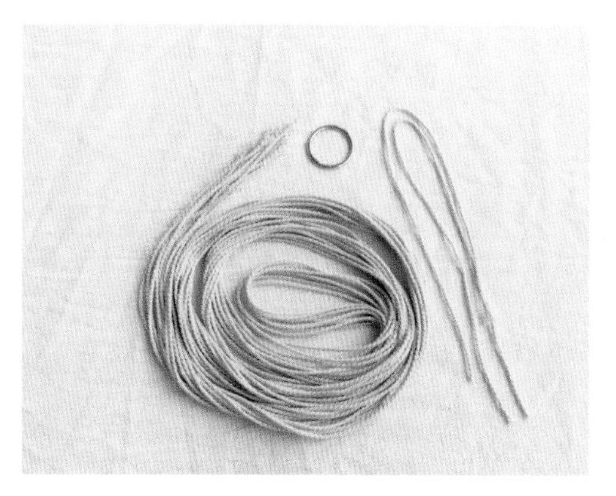

1. 拿出准备好的 8 根 2.4m 长的长绳，2 根 30cm 的短绳；一个小铁圈。

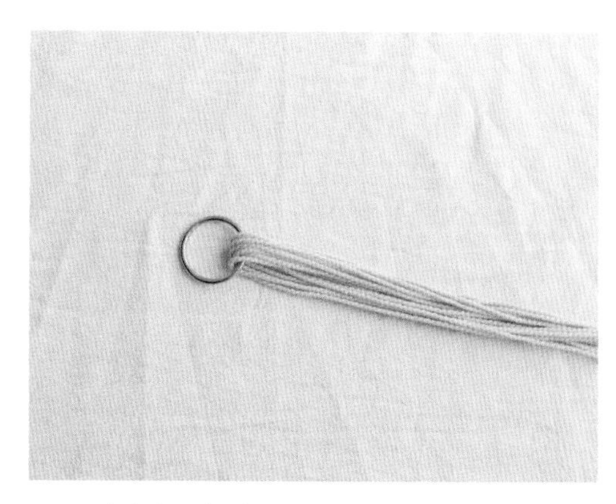

2. 用 8 根长绳对折穿过铁圈。

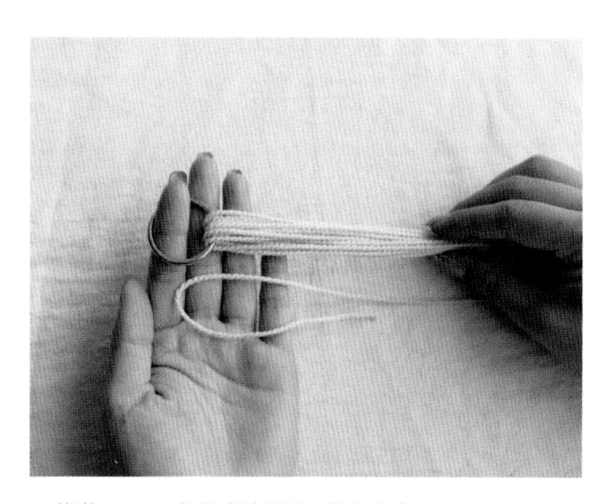

3. 绕线，用一根短绳如图示并入长绳中。

4. 用绳子长的一端朝铁圈方向绕。

5. 绕到一定长度，将线尾穿入对折短绳留出的圈中。

6. 将两端绳尾拉紧。

7. 剪掉多余的线头。

8. 分出 4 股绳。

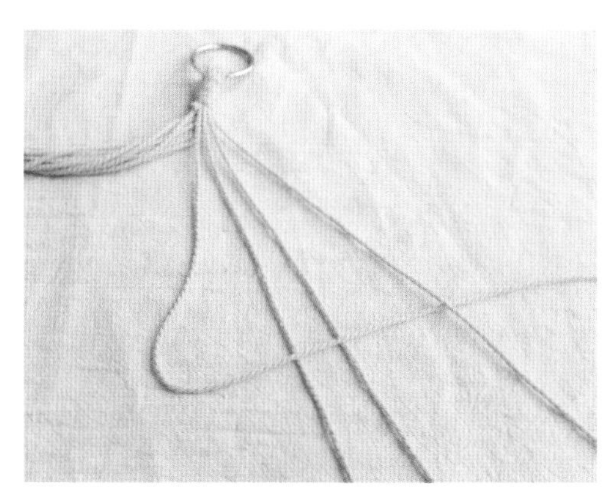
9. 左 1 压过中间两根绳。

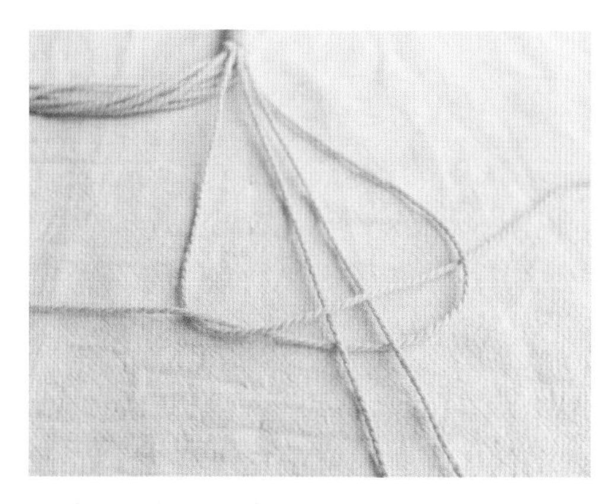
10. 右 1 压过左 1，从中间两根绳子后面穿过左圈出来。

11. 拉紧两根绳。

12. 方向相反，右 1 压过中间两根绳子，左 1 压过右 1 从后面穿过右圈。

13. 重复以上步骤，编出长 7cm 的双向平结。

14. 重复一个方向即可编出单向平结。

15. 编出 7cm 单向平结后，将中间的两根绳子换到外面编双向平结。

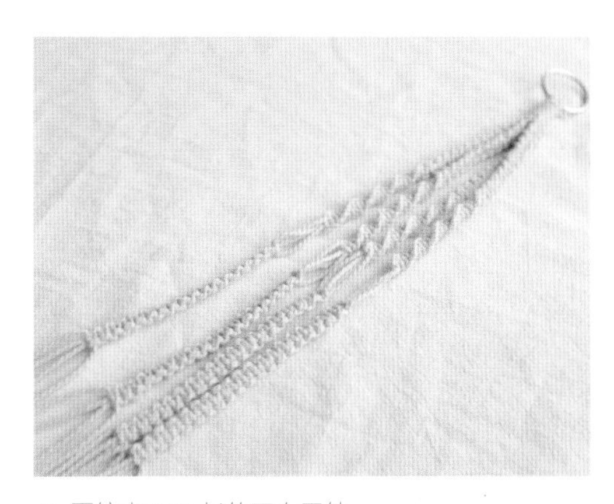

16. 再编出 7cm 长的双向平结。

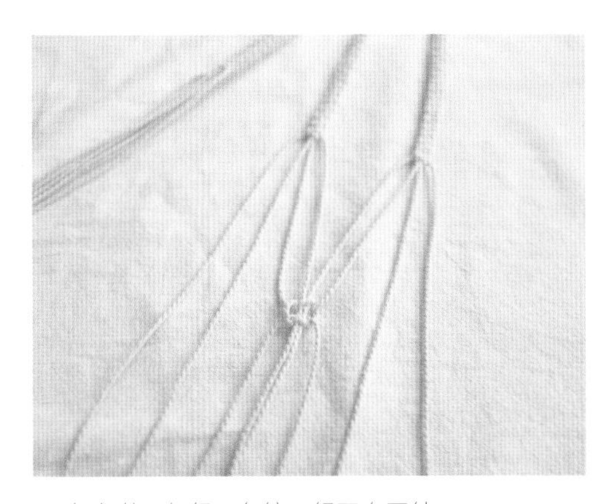

17. 相邻的 4 根绳子各编一组双向平结。

18. 再把相邻 4 根绳子各编一组双向平结。

19. 收尾的地方同样用绕线的方法打结。

20. 成品。

小贴士：

1. 所有的结一定要打紧，不然很容易就会散开，盆栽会掉落。
2. 藤蔓类、多肉植物或其他开花植物都可以。要注意植物的生长习性，放在悬挂的位置是否合适。比较常见的有：绿萝、吊兰、常春藤、爱之蔓、绿之铃、松萝凤梨、倒挂金钟、矮牵牛等。
3. 可以在盆栽底部加个大小适宜的托盘，防止浇水时水滴下来。

# 萌宠花托

花园里有了萌宠，满园花草的生命便又多了一层意义，相映成趣，乐趣嫣然。塑铁丝也可以塑造出简练的萌宠形象呢，弯弯绕绕，虽辛苦，但也乐趣十足。集萌宠和花篮于一身，将萌宠进行到底！

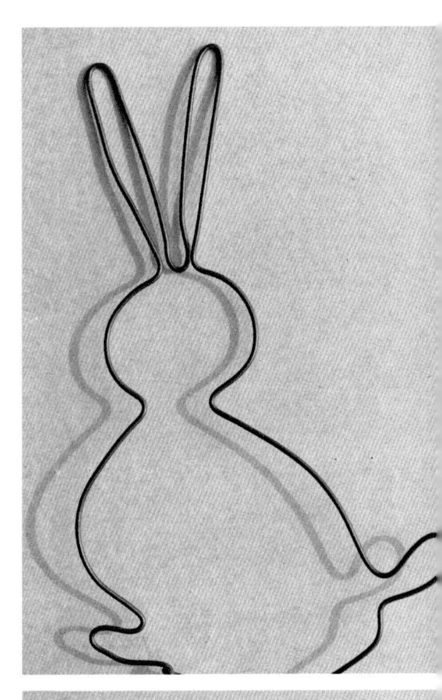

## 材料准备

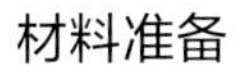
直径 2mm 包塑铁丝。

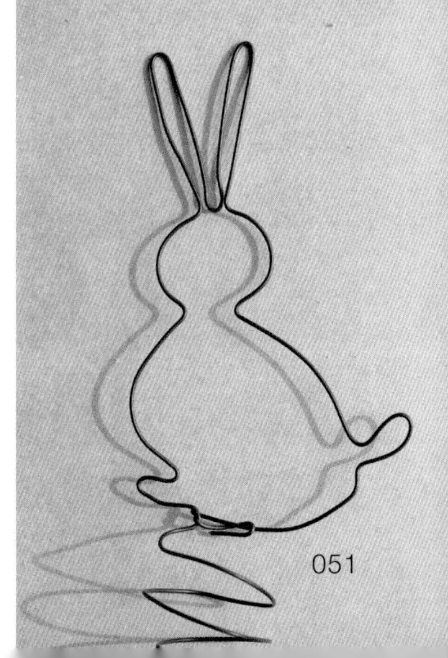

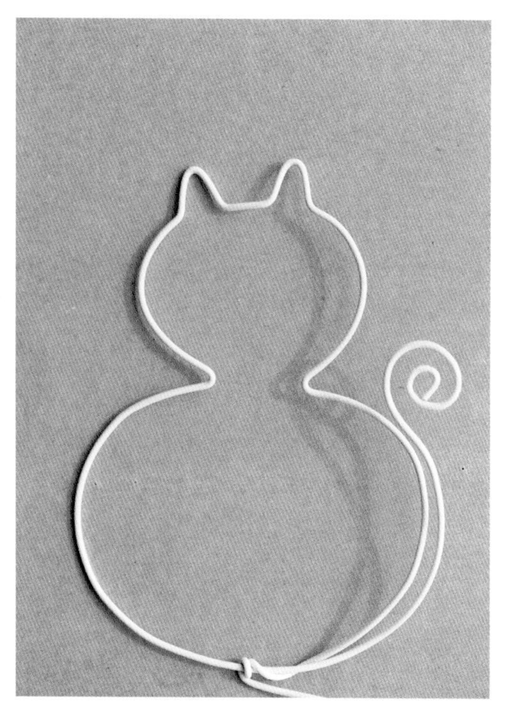

1. 用塑铁丝弯出猫、兔子或其他动物形状。

2. 在收尾后，不要剪断铁丝，继续在最底部往下做倒圆锥的螺旋，形成花托。

3. 这个花托架适合栽种空气凤梨或类似的植物，不需要用任何植料都可以。

4. 最后成品图。

# 容器装饰

谁都有一些小物件，或许完整也或许有些小的划痕、小缺损，但小物件却又包含着某些时间记忆，或某种不能割舍的情谊，而舍不得丢掉。怎么办？来！做一点小小的改变，分分钟旧貌换新颜，情谊依旧都在。你就是生活的美容师！

## 材料准备

0.55mm 圆扎带黑白 2 色；茶具、杯器、小瓶等各种容器。

1. 取黑、白色圆扎带各一根，从茶具底部开始紧密缠绕。

2. 事先用黑、白色圆扎带做一些小花朵，注意 2 个线头略微长于花瓣，并分别保留在上下位置，便于固定用。

3. 在横线缠绕接近一半高度时，把小花朵挨个放上去，并用绕圈的扎带压紧花朵的线头固定紧。

4. 这里要注意绕圈时线要从花朵下面走，压住 2 根线头就好。这样花朵也能稳稳的固定住。

# 无框项坠

为自己做一款花朵吊坠吧，独创一款特别的首饰，并没有那么难。而且可能会成为派对中的焦点饰品哦。

## 材料准备

干燥花朵、UV 树脂、模具、牙签、E6000 胶水、UV 灯、打火机。

## 制作过程

1. 热裱压花，然后剪出花的形状或其他几何形状。
2. 在一边加几滴 UV 树脂，使用牙签涂匀。用打火机靠近表面可以很快地消掉气泡。将其置于 UV 灯下固化。然后在背面重复此步。
3. 使用 E6000 胶水粘吊坠环。还可以加平底的水晶或珍珠，可使用少量的 UV 树脂粘，在 UV 灯下固化。
4. 加入压花。确保压花底部和 UV 树脂密接。
5. 加入 3~4 滴 UV 树脂。使用牙签均匀地涂抹，确保压花完全浸没在树脂中。树脂应略微凸起。如果需要更多树脂，一次添加一滴，不可溢出。
6. 在 UV 灯下固化 15 分钟。

# 猫头鹰压花风铃

这个很萌的压花猫头鹰风铃很容易制作。苧　叶、深色美女樱、橙色波斯菊……很多叶子都可以拿来制作萌萌的猫头鹰。

## 材料准备

小风铃、大叶脉叶子（苧麻叶）、小叶子、美女樱、波斯菊、热裱膜。

## 制作过程

1. 把压制干燥平整的小叶子上端的尖角剪下一个小弧形。
2. 把剪下来的部分翻折下来，然后重叠两朵干燥的美女樱为眼睛，剪一个小三角形的波斯菊为嘴。
3. 把一只猫头鹰黏在大叶叶脉上然后过塑。
4. 把边缘留一些塑胶，修剪好。上面打一个孔，绑在风铃上。

# 压花书签

压花世界里有很多美丽的压花手作，这里为大家介绍一种美丽又实用的压花书签的DIY 方法，新手如果没有专业的压花工具，这里也有一些小贴士，方便你在家中利用简单道具完成。

### 材料准备

花朵、草叶、压花本、吸水纸、吸水板、压花器、空白书签、胶水、圆头镊子、塑封器。

### 小贴士

1. 随身携带宣纸的压花本或花篮，如果身边没有本子，也可以用塑料袋充满空气装入花材，立体的花材也适合此种方式。
2. 可以从网上购买已经压制好的花材和相关压花工具。
3. 木质或竹质的书签，有天然的质感纹理，也可以用厚一些的卡纸裁成书签的尺寸。
4. 用专业的圆头镊子选择和摆放花材，因为压制好的花材非常轻薄和脆弱，如果没有相应工具，也尽量保持双手的干燥与轻柔。
5. 如果用普通胶水，尽量用牙签沾取少量轻微固定花材即可。塑封时用热塑膜更为密封，但一般家里很少有热塑机，可以用冷裱膜代替。

1. 从大自然采集适合新手压花的花草叶子，花瓣单薄水分少的植物尤其合适。将采集的花朵和叶子夹入随身携带的压花本，保持形状平整带回家准备压制。

2. 将花朵和叶子互不重叠摆放于吸水纸和吸水板上，配合相应的压花器压制干花。准备一张空白平面的书签，纸质、木质或竹质书签都可以。

3. 选择已经压制好的花材，根据自己的创意在空白书签上摆放造型。

4. 粘贴固定压花造型，塑封隔绝空气，保护花材和书签。

LINE

# 浪漫发叉

**图、文** | 李玉云

柔美的新娘发饰会为发型加分，但需考虑整体造型需求，夸张或过度华丽的发饰，会抢走新娘本身温柔婉约的气质。发饰讲求轻巧无负担，建议使用材质轻的塑胶发叉为基底，再以蕾丝装饰。花材选择以轻盈细腻为主，可搭配部分干燥花材。

## 材料准备

**花材：**
小轮玫瑰 2 朵、白色绣球、粉色米香花、麦秆菊、槲树果实。

**资材：**
古董蕾丝缎带、珍珠、发叉。

1. 将塑胶发叉剪半使用，可依个人需求选择适当大小。

2. 将蕾丝以热熔胶粘贴在发叉基底表面。

3. 先以绣球为底，粘贴在角落。

4. 加入玫瑰主花及点状小花，注意花面勿过高。

5. 左右两侧以小束绣球填补底部。

6. 依序加入干燥花材及其他主花，花面角度要特别注意。

7. 加入各式珍珠配材，部分低于花面营造层次感。

8. 将线条状小珍珠分段使用，穿梭在发叉中，呈现空间感。

EcoG

# 立体相框制作

**图**｜@露台春秋-wendy 阿超的掌上花园 **文**｜@-C-P-Y-

将画、铝丝小品、永生花结合到了一起，来制作作品，原来材料的跨界组合真的可以迸发出不一样的火花！

## 材料准备

绘画纸、铝丝、永生花、装饰小物件、立体相框、水溶性彩铅、胶水、钳子等。

1. 构思即将着手的大作场景，并作画和制做铝丝小摆件。

2. 将纸裁成与准备的立体相框相符的尺寸，铅笔打稿。高手可以跳过打稿直接进入下一个步骤。

3. 用水溶性彩铅描绘出构思的场景。

4. 选择适当尺寸、色彩、质感的永生花黏在画上，对画面进行补充并提升质感。

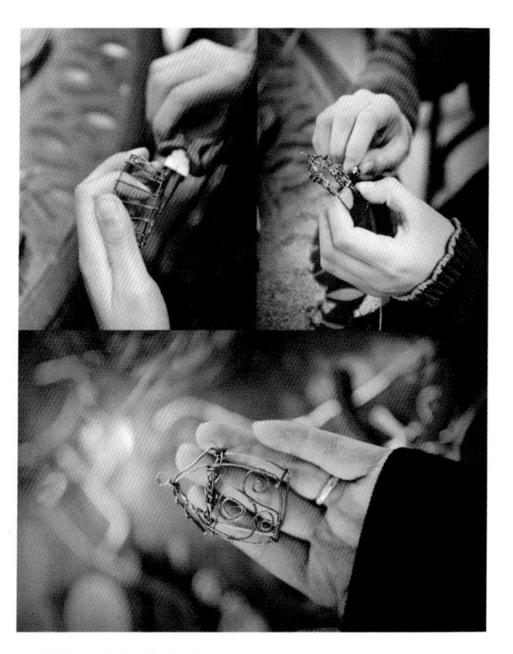

5. 制作配套铝丝小品。

6. 将画片及铝丝小品一起固定到立体相框中，完美的作品就这样诞生了！

小贴士：

1. 铝丝小品在尺寸、形式等方面需要与画面相互配合。
2. 除了画纸上，永生花材还可以在相框内边缘做适当补充，甚至还可以与铝丝小品适当结合。
3. 还可以适当融入其他的装饰小品丰富整体场景。
4. 画的背景是基础，无论永生花、铝丝小品还是其他的小装饰物都只是对画面有一个立体感的提升。

Le
Parfume
des Roses

# 木器彩绘

彩绘技法由内而外透着欧洲风情，无论应用在哪里都会令人耳目一新，使原本普通的物件变得有故事，有个性。清新典雅的彩绘能抚平日常的严肃感和厚重感，带去喜悦和期盼，更多展现出的是生活柔情似水的一面。何不拿起画笔，借助彩绘给生活加点“色”。

## 材料准备

相框或其他木器、硫酸纸、颜料、水溶性转印纸、真丝模板。

1. 选择要绘制的木器，此处以相框为例。用专用颜料给木器上底色，待干后，上第二层装饰框底色，待颜料干透。

2. 选择喜欢的装饰图案，用硫酸纸拓图，然后用专用的水溶性转印纸将图案转印到上好底色的相框上。

3. 用特定的笔法完成大致的图案。

Le
Parfume
des Roses

# 拼布

花开花落，斗转星移，在快节奏的生活节拍下，会遇到这样一群人。他们返璞归真，重拾针线，在一针一线的拼缝中寻觅岁月静好的芳踪。他们娴熟的拼布手艺能将一块块碎布化零为整，做活儿的过程同时也梳理了自己的情绪，获得内心的平静。所以，与其说拼布拼的是艺术，倒不如说拼布拼的是心境的平和。

## 材料准备

轮刀、拼布尺、垫板、花布、白色素布、铺棉、底布、拉链。

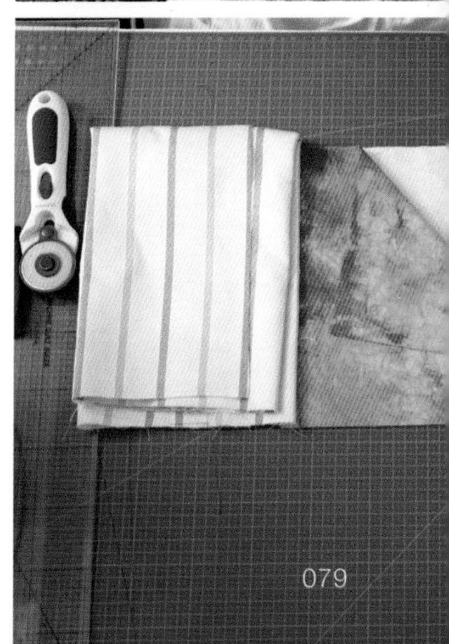

1. 准备花色布一块，白色素布一块，大小尺寸相同（25.5cm X 25.5cm），两块布料正面相对，留 0.7cm 缝份车合四边。

2. 用轮刀呈对角线裁开车缝好的布料，打开缝份，正反面熨烫平整。

3. 将裁开的 4 片布如图（步骤 3）重新车缝组合，打开缝份，正反面熨烫平整。

4. 以重新组合后的布块 4 边的尖点为基准，另加上一个边的缝份（0.7cm），先裁出一个大正方形，测量出布块边长，以此边长除以 3 得 1/3 长度，再水平、竖直方向各裁两刀，成九等分。裁出的 9 块布块中，将正中心那块布旋转 90 度，剩下的 8 块布旋转 180 度，如步骤图 5 所示。

5. 从左到右依次车缝第一排、第二排、第三排，然后将车好的三排从上到下组合在一起，打开缝份，正反面熨烫平整。

6. 边条可以按照自己喜欢的尺寸和方式拼接，这里选择尺寸 2+10+3 的条形拼接（中间素布 10cm，两侧花布各为 2cm 和 3cm），将组合好的边条布 45 度裁切，车缝组合成如同相片边框一样的方框。

7. 将图 6 中拼好的图案用嵌入式和边条连接好，熨烫平整，抱枕的表布就完成了。

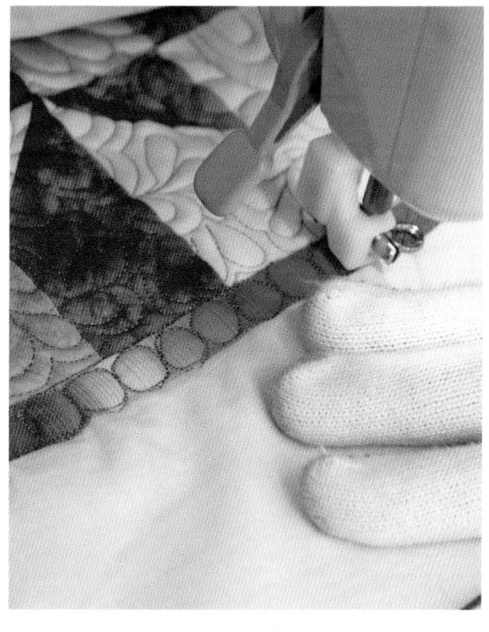

8. 按照表布、铺棉、底布的顺序用珠针固定，车缝压线，压线时由中心向外，压上自己喜欢的花样；后背布裁开，在中间车好拉链后和前片组合，套上枕芯，一个漂亮的抱枕就完成了。

Easter Blessings

# 南瓜灯

找一个漂亮版型好的南瓜，可大可小，挖上几个，可以充分发挥创意，创造出各种表情。也十分有趣呢。

## 材料准备

一个黄色的南瓜、美工刀或雕刻刀、汤勺、铅笔、蜡烛。

## 制作过程

1. 根据设计，在南瓜上用铅笔描绘出需要雕刻的图案，你可以发挥更多创意。
2. 南瓜顶部挖一个洞，小心用汤勺将南瓜内部的南瓜籽都清理干净。
3. 用美工刀或雕刻刀把预先画好的图案进行雕刻，分别挖出眼睛、鼻子和嘴巴的部分。
4. 最后在南瓜底部放上蜡烛，将盖子盖上，杰克南瓜灯就做好了。

# Q 版小蜘蛛

万圣节怎么能缺少经典角色小蜘蛛呢，Q 版并不可怕，反而很可爱呢，不妨做上几只，烘托下气氛。

## 材料准备

毛线、绕线器、扭扭棒、眼睛贴、剪刀。

1. 将毛线沿着绕线器平整的绕圈，反复环绕几次，绕的线越多，毛线球越饱满（没有绕线器的可以用纸板或者名片代替）。

2. 绕好后用剪刀沿着绕线器将毛线剪开。

3. 毛线沿中间穿过打结固定，留稍长线头。

4. 毛线球稍作修剪，将较长的线头剪短一点，维持球形美观（用纸板或者名片的需要将毛线团修剪成圆形）。

5. 取 4 条扭扭棒固定在毛线球上做蜘蛛腿，剪去多余线头。

6. 黏上眼睛贴，将蜘蛛腿稍作调整，一个萌萌的蜘蛛就做好了。

花地

# 花植沙龙

花也
时尚

# 蓝晒

1842 年，John Herschel 发明了一种能制作持久保存的蓝色照片的成像工艺。这是一种通过日晒成像的工艺，原理是利用铁离子在紫外线的照射下可以生成普鲁士蓝色调物质的特性，晒出蓝色的照片，被称为“蓝晒法”（Cyanotype）。蓝晒印相法工艺操作简单、无毒、高效、艺术感强，是大家接触古典摄影工艺的入门技法。整个工艺不用全暗房操作，采用接触式印相法，最有趣的是在阳光照射中影像逐步显现的过程，仿佛太阳的魔法。

蓝色是天空，是水，是空气，是深度和无限，是自由和生命，蓝色是宇宙最本质的颜色。

## 材料准备

蓝晒药液（网上有售）、水彩纸（必须是可洗的纸张或其他可洗材质，此处准备的是帆布包）、药液调和碟、刷子、刻度吸管、玻璃板或其他透明板、手套、自己喜欢的花植或剪纸或底片（此处准备的是柏树枝叶）。

1. 首先，一定要在阴凉处操作。戴上手套，用吸管取相同量的 AB 药液滴在调和碟里混合。

2. 用刷子在水彩纸上均匀地涂刷上混合药液，如果喜欢边缘是自然的笔刷状，就不用刻意画齐。

3. 在帆布上同样刷上混合药液。不容易在布面上刷匀药液，而且比在纸上需要更多的药液，需要多调和药液的量。

4. 刷药液的时候可以根据植物的形状构图，选择刷在什么位置。

5. 刷好后置于阴凉处阴干。

6. 彻底干后，避光拿到室外阳光处，摆好植物，并在植物上压上玻璃板。

7. 大约 15~20 分钟左右，颜色就有了明显的变化（如图）。

8. 在布面上晒完是这样的效果，之后拿回去用清水冲洗。

9. 在纸面上冲洗的操作简单又快捷，相比之下布面清洗的时间较长，也不容易清洗干净。我的帆布包前后清洗过两次，依旧有一些没有彻底清洗干净的痕迹，略有发黄。

10. 这里就是纸面上的蓝晒效果。

11. 这里是布面上的蓝晒效果。

### 小贴士

蓝晒很好玩，制作出来的作品也比较实用，会吸引人继续玩下去。喜欢手作和花植的小伙伴赶紧玩起来吧。

花也

# 接骨木植物染

紫叶接骨木近乎黑色的叶子非常纤细，像日本羽毛枫的叶片，开粉色的小花。在欧洲接骨木属于香草类，花、叶、皮、果均可入药，德国的植物家玛丽安娜曾说过："在荒村僻野，如果接济一家人口粮的是榛子树，那么接骨木则是他们的医生"。这神奇的叶子会染出什么颜色呢！

## 材料准备

染料：紫叶接骨木的叶子 500g、水 2500g。
媒染剂：明矾 10g。
织物：棉布手帕 10 条。

## 制作过程

1. 提取染料：接骨木叶子切碎加一半水大火煮开转小火煮半小时，煮好后过滤取其汁，过滤后的植物继续加水提取，方法如上；2 次过滤的染料混合在一起。
2. 手帕造型：可以用夹、绑、缝的方法，加上个人的创意，创造出不同的图案；手帕造型完成后完全浸泡入水，浸透后稍微脱水备用。
3. 制作染液：将明矾 10g 加入染料中并搅拌至完全融化，此过程可加热进行；将染液加热到 30℃ 左右转小火放入手帕，需将手帕完全侵泡进去，并不时翻动搅拌染色，此过程持续 30 分钟左右。
4. 去浮色：染色完毕的手帕捞起用清水冲洗后脱水，然后将整形的结、夹子等解开；再次用清水冲洗干净；脱水、晾干；在清水的冲洗下紫色流走了，手帕泛着淡淡的鸭蛋青。

# 黑豆染

黑豆看上去黑黑的，但染出来的颜色，你能想象到是这样粉嫩的颜色吗？

## 材料准备

黑豆、明矾、丝巾。

## 制作过程

### 第一步 染液制作

1. 将黑豆浸泡一夜，滤出待用。
2. 加入清水（没过黑豆为宜），大火煮开，小火煮半小时，滤出黑豆。
3. 把 2 次过滤后染液混合，黑黑的豆皮却煮出了红豆沙的颜色。
4. 染液中加入媒染剂明矾（染液的 5‰）搅拌均匀待用。

### 第二步 处理布料

1. 将丝巾浸水泡透。
2. 染色：丝绸与染液的比例为 1:40（染液以盖过织物为原则），60℃ 染色 30 分钟；染制过程中需要不断搅动织物以确保染色均匀。
3. 洗涤浮色：清水洗涤多次，水清即可。
4. 晾晒：染出的丝巾是淡淡的豆沙色美极了。

# 荔枝染

盛夏时节，正是吃荔枝的好时候，我们可以一边享受果实的甜蜜，还可以用它的壳做草木染，自己动手染一块丝巾，丝巾上还残留着荔枝甜甜的味道，把它送给亲人、爱人或者朋友我想是盛夏时节最合适的礼物了！

## 材料准备

荔枝壳、明矾、丝巾。

## 第一步 染液制作

1. 荔枝壳，置入不锈钢锅中加冷水（没过材料为宜），开大火，煮沸后调至中火半小时。
2. 过滤染液。
3. 重复前面步骤 2 次，把 3 次过滤后的染液混合。
4. 染液中加入媒染剂（染液的 5‰）搅拌均匀待用。

## 第二步 处理布料

1. 将丝巾浸水泡透。
2. 染色：丝绸与染液的比例为 1:40（染液以盖过织物为原则），60℃ 染色 30 分钟；染制过程中需要不断搅动织物以确保染色均匀。
3. 洗涤浮色：清水洗涤多次，水清即可。
4. 晾晒：染出的丝巾淡淡的琥珀色。

# 蓝染餐巾

一场华丽的下午茶不能缺少风格独特的餐巾，可口的点心配上精美的茶具，再配上手染的蓝色亚麻餐巾吧！

## 材料准备

1000g 靛泥、200g 烧碱、250g 还原剂、亚麻布。

## 制作过程

1. 配色：把 1000g 靛泥倒入小桶中，加 200g 烧碱、250g 还原剂再加适量水搅拌，使蓝靛水变黄绿色，水面上起靛沫，民间俗称“靛花”，即可待染。
2. 待染的布料以天然纤维为宜，今天用的餐巾是亚麻面料，入缸前需预处理，上浆的面料需要退浆处理，所有待染织物都需先侵湿、脱水。这样让织物纤维上色更均匀！
3. 入缸：织物需要在缸里充分浸染 5~10 分钟左右，再出缸氧化，出缸时织物颜色为绿色，随着氧化会慢慢变蓝。
4. 织物完全变蓝后可入水洗去浮色，水清为止。这样反复浸染几次，直到对颜色满意为止。

### 小贴士

草木染大都是通过媒染剂作为桥梁，使其色素沉淀附着并固结于纤维上。蓝染与其他植物染料染法不同。蓝染采用的是氧化还原法。蓝染后，染物出缸时呈黄绿色，一经空气氧化，纤维立即转变成蓝色。

在草木染中，蓝染可以说是变数最多，难度最大的染色方法。由于蓝靛为颗粒状的氧化色素，直接调水后并不具备染色力，需要借助加碱、水、糖、酒和淀粉之类的营养剂发酵后使用，才能使本不具备染着力的蓝液转化为具有染着力的染料。

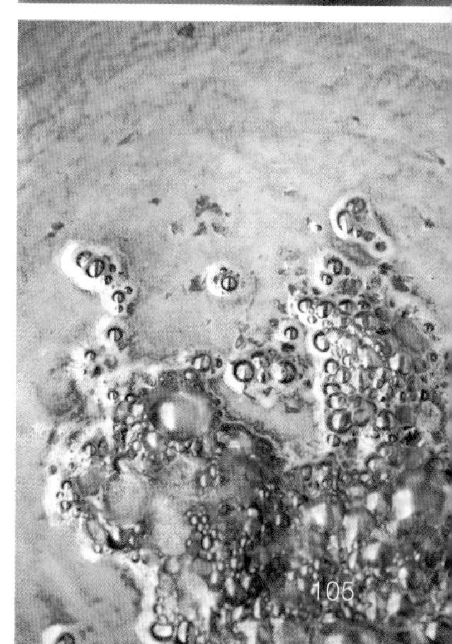

# 石榴面膜

石榴具有非常好的美容功效，可补充肌肤所需的水分与营养，帮助滋润肌肤，补水保湿，适用于各种肤质的肌肤。而红石榴中含有大量的石榴多酚和花青素，抗氧化性高出绿茶 3 倍，更是维生素 C 的 20 倍，能有效中和自由基，促进新陈代谢、排出毒素。是美容护肤的佳品哦！我们可以提供一个非常简单，见效很快的石榴面膜方子，所有肌肤都可以用。要不要试试？

## 材料准备

石榴、牛奶。

1. 先取出大约 100g 左右鲜红的石榴子放入榨汁机中榨出汁水，备用。

2. 将适量牛奶调入石榴汁中，调匀即可，牛奶的量加上石榴汁的量差不多一次用完的量。

3. 将纸面膜浸泡在调好的牛奶石榴汁中，清洗干净脸部并擦干。

4. 面膜纸也泡得透透的了，取出轻轻敷在脸上，约 20 分钟后，取下面膜纸，再用清水洗净即可。

# 创意苔藓杯

红酒杯与玻璃口杯不仅能当容器使用，还有潜力成为绝美的花器呢。偶尔打破约定俗成的规矩，你可能会有惊喜的发现和灿烂的好心情。利用家里的红酒杯、玻璃口杯制作美美的酒杯创意苔藓杯吧。

## 材料准备

高脚红酒杯、玻璃口杯、苔藓、狼尾蕨、鹅卵石、细麻绳（或拉菲草）。

### 小贴士

除了喝红酒的高脚杯，换成其他杯型如玻璃口杯，操作方法与前相同。创意苔藓杯的养护很容易，在杯子的底部保留不高于苔藓的水量，闲暇时往苔藓和狼尾蕨上喷洒水雾，常通风就好。

1. 先将细麻绳的一端折弯，再由上至下将麻绳排列整齐地缠绕在折弯的麻绳上，沿着高脚杯的杯脚顶部缠绕至底部，收尾时要将麻绳线头穿入上一圈里拉紧。

2. 挑选大小合适的鹅卵石铺放于杯子底部，尽量紧实些，别松动。把连带泥土的苔藓裁剪成合适大小，放入杯中的鹅卵石上，稍压实。如果杯壁上粘有泥土，使用镊子夹着餐纸巾擦拭干净。

3. 在苔藓表面的适当位置开一个小洞，用镊子捏住狼尾蕨种植到苔藓的小洞内，修饰四周，尽量不露出泥土。

4. 拣选小一点的鹅卵石陈列在苔藓上面，注意与狼尾蕨的搭配比例要适宜。

## 苔藓小知识

苔藓全世界约有23000 种，我国约有2800 种。特别是初夏的气温和湿度适合苔藓的生长繁殖，我们便可轻松地在小区、公园或者野外潮湿背阳的地方找到各种苔藓。江浙一带比较常见的苔藓有葫芦藓、大灰藓、朵朵藓、地钱，气温和湿度的一致，导致从家前屋后挖回来的苔藓特别易活。

狼尾蕨又名兔脚蕨，因其叶形优美、样貌洒脱、生长缓慢，能长期保持形状不变。喜温暖半阴的环境，适合散射光照，与苔藓习性一致，是非常流行的室内观赏蕨类品种。与苔藓高低搭配造景，葱茏有致。

# 海底植物世界

**图、文** | 玛格丽特 - 颜 **创作者** | Peter 潘

以枯木搭配水母空气凤梨为主导，以蕨类苔藓等模仿海草，加入紫色水晶或造型石块代表海底的珊瑚、礁石，适当加入特色贝壳，营造栩栩如生、令人惊艳的海底植物世界。

## 材料准备

**器具：**

玻璃瓶、枯木（杜鹃根、沉木等）、火山岩、紫色水晶，白色石子或砂砾、水苔。

**植物：**

空气凤梨、蕨类、金线莲、苔藓（如金发藓）、虎刺、冷水花等。

### 植物介绍

盾蕨：株高20~40cm。根状茎长而横走，密被卵状披针形鳞片；叶丛生，叶柄细而坚硬，呈栗色；叶片厚纸质，侧脉明显；喜温暖湿润及半阴的环境，散射光利于其生长，忌强光直射；耐寒冷及干旱。

金线莲：又名金线兰，为兰科开唇兰属植物。节状细长的叶柄，卵状椭圆形叶片，表面黄绿色有细密金黄色脉网，背面淡紫红色。一般全株高10~18cm。喜温暖湿润，越冬温度10℃以上即可。

金发藓：外形类似松杉类幼苗，多数金黄色纤毛，植物体高数厘米至数十厘米。

1. 选择适合的植物及辅材，初步设计造型景观，蕨类及苔藓等布置在瓶底，根系用水苔固定（不需要泥炭等介质）。

2. 用选好的枯木做骨架，固定金钱莲和水母空凤等，整理造型。

3. 底部用白色石子铺面，也可以用特色砂砾，盖住植物的根系。

4. 在适当位置，加入紫色水晶、石块或贝壳等，让海底世界更生动靓丽。最后底部加入 1cm 左右的水，维持玻璃瓶内的湿度。

## 养护

1. 放置室内半阴处，有部分散射光的位置。没有散射光的位置，也可以用照明补光。
2. 1个月左右加少许水，封闭小环境水分自然蒸发，形成高湿度的环境。
3. 不用通风，每月加水时透气即可。
4. 不用施肥及打药，密封环境很少会产生病虫害。
5. 18~25℃ 生长最好。
6. 基本可以维持1~2 年。

# 多肉花环

能把多肉养活的人都知道，其实这些萌萌的小植物们在适合的环境下，生长速度很快。经过半年到一年的生长，它们可能长高，也可能“妻妾成群”，可以等着它们长成老桩，也可以在它们成长为老桩的路上，修修剪剪，表示自己的关心与参与，总比疯狂浇水淹死它们要好。这些修剪下来的小萌物们，除了把它们用扦插的方法种在花盆里之外，其实也很适合用来做个会生长的多肉花环。

## 材料准备

铁艺花环、水苔、缓释肥颗粒、麻绳、剪刀、镊子、盛放多肉的盘子、盛放和浸泡水苔的器皿、多肉植物小苗。

### 制作花环的多肉品种推荐清单

‘女雏’‘观音莲’‘草莓卷娟’‘粉蔓’‘月影’‘马库斯’‘黄金万年草’‘红宝石’‘花月夜’等。

注意：尽量用同一科的多肉。容易长出侧枝、长高的植物尽量少用，比如‘虹之玉’‘千佛手’等 。

1. 浸泡水苔，备用。

2. 在铁艺花环里填充泡好去水、微微潮湿的水苔，一边填充水苔，一边在水苔里均匀地放 30~50 粒缓释肥颗粒，为花环多肉的生长提供持续的养分。

3. 摆放多肉，注意色彩搭配，大小组合，拍照记录下来摆好的搭配。

4. 用镊子辅助将多肉种进水苔，注意水苔需要包裹住植物的根系，或者扦插的茎。

5. 用麻绳将花环平铺悬挂起来，耐心等待大约 1 个月时间，待植物根系自然生长，扎进水苔，就可以悬挂在自己喜欢的地方啦！当然要注意通风和充足的光照。

6. 等水苔完全干透再泡水，每次泡水需要大约 20 分钟左右。建议挂在通风且光线充足的位置。

# 石英砂干花制作

干花的方式有很多种，包括自然风干，烤箱烘干等。但多少都会影响原来花朵的质地和形态，一看便知是没有水分没有生命的干花。石英砂干花相对其他的干花方式，它能最大限度地保持花朵的质感，色彩上的褪变也是最小。

## 材料准备

鲜花花材、石英砂、适宜的容器、勺子、软毛刷。

### 注意事项

1. 推荐采摘小型的玫瑰、石竹、部分菊科的花朵等。而大花花瓣太大太软，很容易变形。
2. 花朵不要太密实，以便让石英砂可以有更多的接触面，不然没有风干透的中心部分容易霉烂。例如康乃馨等花瓣太过密实，中心不易干燥。
3. 因为石英砂吸收水分后，会潮湿结块，所以要用软毛刷刷去表面残留的石英砂。操作的时候一定要小心不要破坏花朵的状态。

1. 采摘合适的花材。选择花瓣质地比较厚实紧凑、花型较小、花杆坚硬、含水量较低的花材。

2. 叶材的采集，要求叶片厚、易整形且不易卷曲、质地柔韧性好、挺而不脆的厚型草质叶。

3. 在容器里放入 2~3cm 左右石英砂垫底。将花材竖直放置，花柄固定在砂子中，用小勺慢慢往容器中填石英砂。在此过程中检查并调整花的姿态，直至石英砂完全淹没鲜花及枝条。

4. 在阴凉干燥处静置约一周左右的时间。然后将花儿轻轻取出，用软毛刷刷去表面浮尘，即成成品。

### 石英砂干花后期维护

1. 插花容器中加石英砂，可以稳固花材，还能起到一定的干燥作用。
2. 不要直接接触光线，避免褪色和叶片发脆。
3. 干花的有效期大约几个月到1 年左右时间。
4. 空气太过潮湿时，可以用空调或电吹风干燥。

# 空气凤梨的多种创意玩法

空气凤梨作为园艺圈的萌宠，已经流行很多年了。不用种在土里，靠吸收空气中的水分就可以生长，英文名也恰如其分叫：Airplant。因为不用种在土壤里，挂着或者摆着就可以，所以空气凤梨的玩法也非常多。

## 材料准备

透明细线绳、粗麻线绳、玻璃器皿、热熔胶、贝壳、相框等。

## 制作过程

吊挂式：只需用线或绳，把它吊挂在半空。
一般选择一些底部较多叶子伸展的品种，用线将外围的叶子缠绕，然后轻轻拉紧再打结，这样便可完成吊挂的过程。或者做个小网兜也很别致。
懒人式：选用合适的器皿或工具，直接摆放，更为简单。网上有专门出售的空凤摆件，当然你也可以用个花盆，这么摆着，仿佛种在花盆里了。

黏贴式：建议使用热熔胶，用火机把热熔胶烧至透明，立刻将已溶的胶涂在已选定位置之物件表面，隔一两秒之后，将空气凤梨压在已选定位置之物件的热熔胶上约 30 秒，这样植物便可以牢固地黏在物件上。
黏贴植物时必须熔热熔胶，因为它没有化学物质不会对植物健康造成威胁。其他胶水或胶条等大多数含有化学物质，对植物健康有影响，严重的更会导致植物死亡。
贝壳式：空凤和海洋世界风格非常协调，放入贝壳里，产生了水母的感觉，创意是不是很赞。